王德华 禹娜 主编　　蔡波 编著　　高原 绘

动物们都在忙什么

自我武装的爬行动物

上海科学技术出版社

目录

壁虎为什么能飞檐走壁

夏天夜晚的绿化带旁，随着路灯被点亮，蛾子被吸引了出来。它们绕着灯光，一圈又一圈地飞舞，就像在夜空中挥舞着荧光棒。这时，墙缝边上可能会冒出一两个顶着大眼睛的小脑袋。它们就是“夜行侠”——壁虎。

壁虎行动敏捷，视力发达，只要发现有蛾子停在附近，就能迅速而准确地将其抓住并吃掉。

收听音频

壁虎如何实现垂直行走

墙壁是壁虎展示绝活的舞台。它们为什么能在天花板或竖直的墙壁上行走如飞呢？这是因为它们的脚趾（zhǐ）上有独门暗器——“吸盘”。

这个“吸盘”其实是攀（pān）瓣。壁虎每个脚趾下都有好几块攀瓣，它们就像一片片花瓣横向排列。每块攀瓣都是由几十万根微小的刚毛凑成的，而每一根刚毛的顶端还有近千根更细的绒毛。

如果把壁虎的攀瓣比作一个刷子，那刷子的毛就是一根根刚毛，刷毛的尖上还有一些更细微的绒毛。

“吸盘”的力从哪里来

只要壁虎的脚趾接触到物体，攀瓣上的刚毛就能和物体靠得非常近，从而产生一种叫“范德华力”的分子间作用力。

虽然每根刚毛产生的吸附力只有一点点，但是几百万根刚毛汇集起来的力量，就足够让壁虎稳稳当当吸附在垂直光滑的物体表面了。

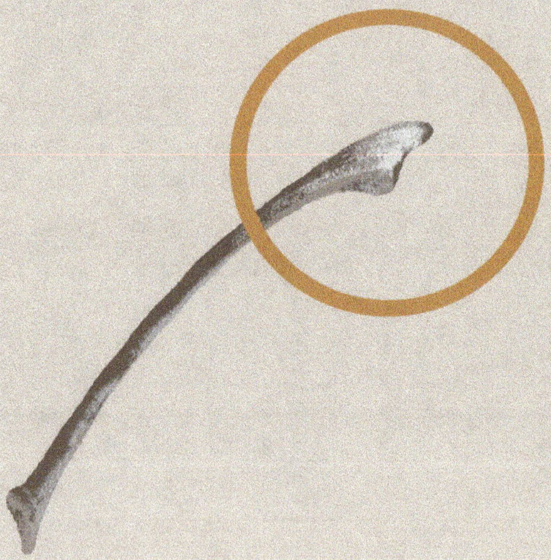

当壁虎想要移动的时候，脚趾肌肉就拉动韧（rèn）带和骨骼，让“吸盘”从边缘开始翘起来，然后“吸盘”就很容易脱落了。

脚趾上的爪子有什么用

除了脚趾上有“吸盘”，壁虎脚趾的尖端还长有爪子。它们的爪子就像鸡爪子一样，弯曲带尖钩。

当壁虎在墙壁移动时，这种爪子能让它们钩住墙壁微小的缝隙或凸起，这样壁虎就能更顺利、更便捷地在墙上跑来跑去。

你问我答

艾克：“遇到天敌时，壁虎为什么要立即折断尾巴？”

嘉思叔叔：“壁虎断尾的目的是转移捕食者的注意力，自己趁机逃跑。”

哪种蜥蜴见首不见尾

收听音频

当你漫步在乡村小道、公园绿地时，不妨放慢脚步，留意一下草丛里有没有突然出现“哗啦啦”的声音。如果有，也许你会看到不远处一个灰黑色的影子一闪而过。

这未必是你的幻觉，而可能是看到了一种行动非常迅速的蜥（xī）蜴（yì）——铜蜓（tíng）蜥。在国内不少地方，它们被称为“脚蛇子”或“四脚蛇”，动物学家把它们叫作“石龙子”。

泛着金属光泽的铜蜓蜥

铜蜓蜥的皮肤很光滑。阳光下，从不同的角度看，它们的皮肤闪耀着金属般迷人的光泽，有时候是铜绿色，有时候是铜黄色，这也是它们被称为“铜蜓蜥”的原因。

一些铜蜓蜥背部中央有一条不太明显的黑线，身体两边是黑色的，或带有白色斑点。它们遇到敌害时，会像壁虎一样自动折断尾巴。折断的尾巴会不停地摆动，以迷惑（huò）或吓退敌人，而真身趁机迅速逃跑，留下天敌在风中凌乱。

行动速度与气温有关吗

在炎热的夏季，我们不容易看清铜蜓蜥的模样，因为它们行动太快了——我们能看到它们的尾巴，但不一定能看到它们的头。

不过，铜蜓蜥的行动速度和气温息息相关。气温较低的上午，它们开始出洞晒太阳或等待昆虫，这时的它们并不敏捷。

随着气温升高，铜蜓蜥的体温也会上升，体内新陈代谢能力提高很多，机体有了更多能量，它们的行动速度也快了。这就好比我们在冰天雪地里受冻后，转移到暖和的地方，身体各个关节也就活动自如了。

铜蜓蜥可直接产出小蜥蜴吗

与大部分蜥蜴不同的是，铜蜓蜥不是卵生的，而是卵胎生。也就是说，铜蜓蜥妈妈并不是把受精卵直接产到体外，而是先让它们在自己体内发育。

等时间到了，铜蜓蜥妈妈就直接产出小蜥蜴。刚产出的小蜥蜴还包裹在卵膜内，几分钟后，它们就摆脱卵膜爬出来了。

城市中有蟒蛇吗

说到蟒（mǎng）蛇，很多人觉得它们很恐怖（bù）。大多数蟒蛇的身体有三四米长，有成年人的大腿那么粗，而且一次能吞下体重为几十千克的动物。

蟒蛇是没有毒的，它们全靠力气杀死猎物。在捕捉较大的猎物时，蟒蛇会先缠（chán）绕住猎物，然后一点点勒（lēi）紧，导致猎物因血液循（xún）环停止而窒（zhì）息死亡。

蟒蛇为什么爱吐舌头

蟒蛇的鼻孔下面、嘴唇附近有一排孔，这些孔叫唇窝。唇窝不深，里面的皮肤非常敏感，能察觉到微小的温度变化。蟒蛇的犁鼻器位于口腔上部，也很敏感，能帮助蟒蛇感知空气的气味。

蟒蛇的舌头上有黏液，能捕捉到气体分子，然后送到犁鼻器。所以，蟒蛇想探索周围的时候，通常会疯狂吐舌头。

如何保护蟒蛇

由于大量森林被开发成耕地或建设为城市，蟒蛇的栖息地减少，这导致蟒蛇数量下降得很严重。近20年来，我国“退耕还林”政策的生态作用开始显现，蟒蛇数量在缓慢回升。

蟒蛇是森林生态系统中的重要成员，它们控制着小型动物的数量，维护着森林的健康发展。如今，蟒蛇已经被列为国家二级保护动物，禁止捕杀。

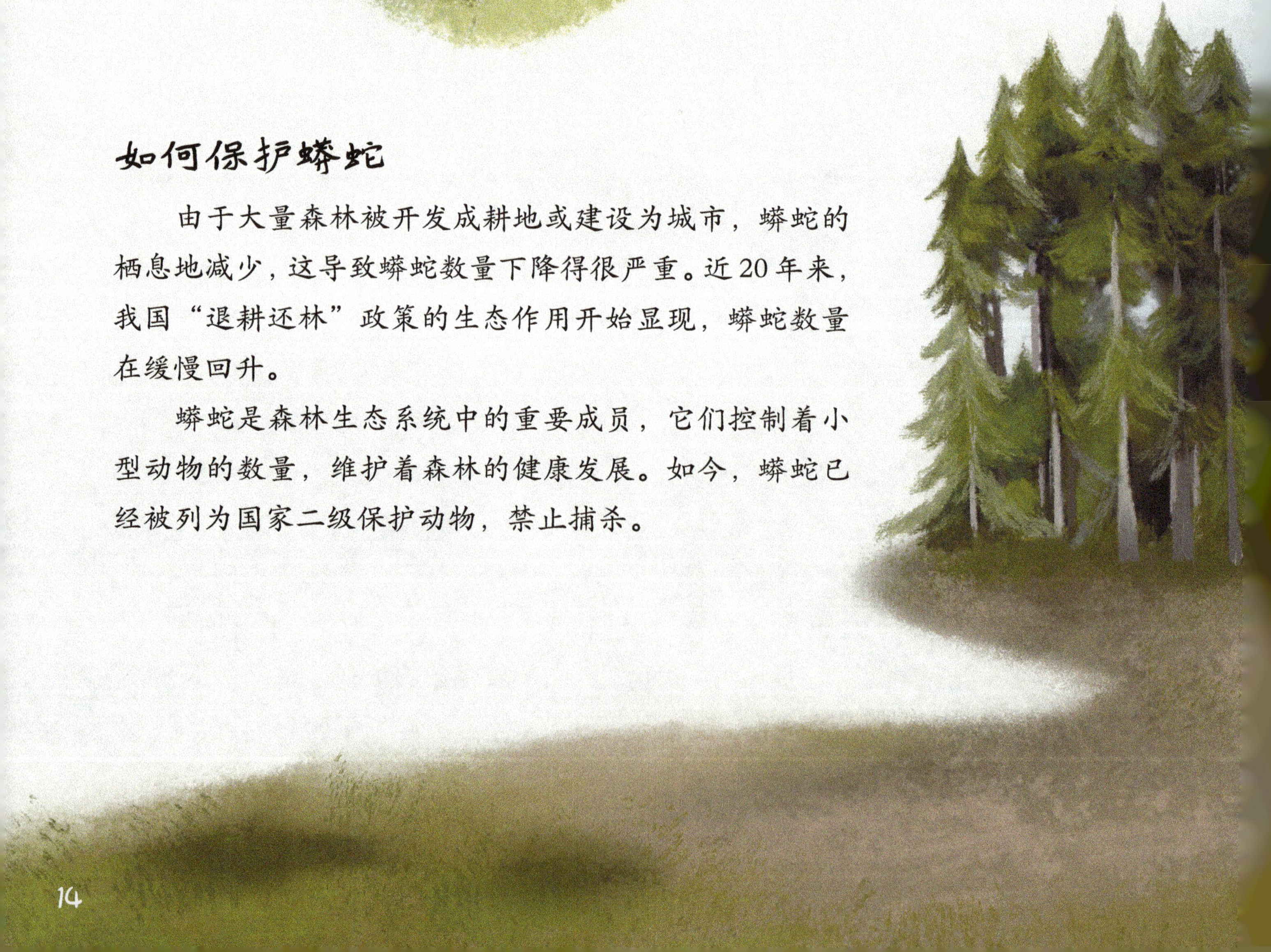

城市里的蟒蛇缺食物吗

中国土生土长的蟒蛇其实并不可怕，它们几乎不会主动攻击人，只有在觉得自己被威胁（xié）时才会反击。

由于城市扩张侵占了蟒蛇的栖息地，有些蟒蛇为了生存躲进了城市绿化带和下水道。这里也是老鼠、流浪猫、流浪狗较多的地方，所以蟒蛇不缺食物，并慢慢适应了城市的生活。

那些到城市生活的蟒蛇也帮助控制鼠害，控制流浪动物的数量，在一定程度上防止老鼠传播疾（jí）病，防止流浪动物传播狂犬病或弓形虫病等，以及防止流浪动物咬伤人等。

你问我答

艾克：“世界上最长的蟒蛇有多长？”

嘉思叔叔：“世界上最长的蛇是美国的一条人工饲养的蟒蛇，长达 7.67 米。”

哪种鳄鱼是中国独有的

扬子鳄(è)是中国鳄鱼界的“独子”，而且是中国独有的鳄鱼。

以前，整个长江中下游的河流、湖泊、沼泽地都有扬子鳄的踪迹。如今，只有安徽、江苏和浙江的交界处有野生的扬子鳄种群，那里也是扬子鳄国家级自然保护区。

收听音频

扬子鳄为什么要挖洞

扬子鳄个头不大，有 1~2 米长，嘴较短。它们的爪子很锋利，方便挖洞；脚掌上有蹼（pǔ），适合潜水游泳。

每年冬天，长江中下游最低气温能到 0℃以下，天寒地冻的时间长达两个月。扬子鳄会提前在长满芦苇、竹林的岸边挖几米深的洞穴，洞穴里比地面要暖和一点，气温也要稳定很多。

到来年 4 月，扬子鳄才从冬眠中苏醒。

冬眠与产卵，不在一个巢穴

等到6月，气温上升到20℃以上时，扬子鳄变得很活跃。雄鳄开始吼叫，通过喉咙发出浑厚的声音来吸引雌鳄。到了8月，气温上升到28℃以上时，雌鳄就开始晃晃悠悠找地方做巢穴，准备产卵了。

和冬眠的巢穴不一样，雌鳄产卵的巢穴在地面。雌鳄先用尾巴清理地面，再衔一些落叶、杂草堆成巢，然后在巢中产卵。雌鳄每窝可以产卵20个左右。产卵结束后，雌鳄会再衔一些落叶、杂草，在卵上堆一个大草堆。

小扬子鳄长什么样

两个多月后，靠阳光照射及落叶、杂草腐（fǔ）烂所产生的热量，小扬子鳄就孵出来了。小扬子鳄破壳而出时，会发出“嗯嗯嗯”的尖叫声，提醒扬子鳄妈妈把它们从巢里扒出来带走。

刚出生的小扬子鳄非常漂亮，有黄色的横条斑纹，喜欢吃小鱼、小虾甚至昆虫。遇到危险时，小扬子鳄也会通过尖叫的方式让它们的妈妈快来搭救。

你问我答

艾克：“听说扬子鳄妈妈孵化时，非常尽心尽力……”

寒思叔叔：“是的。扬子鳄妈妈在产卵后，一直守在周围，甚至趴在巢上，寸步不离。而扬子鳄爸爸几乎不参与孵化过程。”

沙漠里有蜥蜴吗

沙漠给我们的印象是炎热干旱，是生命的禁区。不过，这里生活着一群只喜欢沙地的小动物——沙蜥。

中国的沙蜥有两个支系。一个支系是正常产卵的，沙蜥妈妈把卵埋在沙地里，交给大自然来孵化；另一个支系是直接生孩子的，等到卵在体内孵化后，沙蜥妈妈就直接生下沙蜥宝宝。

收听音频

“小光头”沙蜥来自哪里

我国西北地区和青藏高原上，有很多沙地或沙丘。当你走近沙丘时就会发现：沙地上有一串串小脚印，脚印中间还有一条细线。

顺着脚印往前看，你会看到一只“光头”小蜥蜴正趴在沙地上盯着你看。等你走近，它又“嗖嗖”地跑远了。

这种小蜥蜴就是沙丘特殊的主人——沙蜥，它们依靠沙地环境生存。沙蜥的脑袋圆溜溜的，被粗糙的鳞片覆（fù）盖着，看起来就像一个小小的光头。

沙蜥的“成长大考验”

小沙蜥出生后面临着各种考验。

为了填饱肚子，它们需要抓小虫子吃。如果一星期左右，它们还没有抓到虫子，就可能因为体力不支而饿死。

吃的虫子少了，沙蜥就长得瘦，瘦弱的沙蜥在冬眠中很容易死去。

除此之外，小沙蜥还要随时防着被更强壮的沙蜥吞了，要警惕（tì）沙漠食肉昆虫的“打劫”（jié），要躲避鸟类的捕食……它们的成长过程充满了艰辛。

沙蜥如何适应沙地环境

沙蜥风餐露宿，从出生到死亡很少离开沙地。

沙蜥的脚非常适合在沙地行走。它们的脚趾比较长，脚趾下的鳞片呈长条状，就像毛刷子。“毛刷子”配合着爪子，支持它们在沙地上健步如飞。

沙蜥身体的颜色和沙子颜色差不多，这是一种保护色，能防止它们被天上的鸟看见。

你问我答

艾克：“为什么沙蜥会时不时卷起尾巴或晃动尾巴？”

寒思叔叔：“那是它们彼此在交流呢。”

哪种蜥蜴攀爬于悬崖峭壁

我国西南地区有一片特别的山脉（mài）——横断山脉，它是中国最长、最宽、最典型的南北走向的大型山脉群。一座座高山之间是一条条河谷，河谷之外，要么是高山草甸（diàn）、雪山，要么森林密布，自然景观差异很大。

这种独特的环境造就了一群爬坡技艺高超的小型脊椎动物——攀蜥。它们靠着精巧的爪子和有力的四肢，在悬崖峭壁间攀爬、跳跃。

收听音频

迷你版的鹰爪

攀蜥脖子后面有一列鳞片，就像短短的马鬃（zōng），身体两侧各有一条或一串明显的浅色斑块（呈绿色或黄色等）。它们靠捕食昆虫为生。

攀蜥的爪子就像迷你版的鹰爪，能抠住石头或者树枝上微小的突起而迅速移动，这在捕捉昆虫方面发挥（huī）了重要作用。此外，它们上下颌（hé）还各有一对尖牙齿，可以咬破昆虫的外壳。

从“谈婚论嫁”到“生儿育女”

万物复苏时，攀蜥们开始忙着谈婚论嫁。雄性蜥蜴一般会占据最有利的石头，观察一圈没有敌人后，就开始不停地点头，展示喉咙下方彩色的喉囊（náng），吸引雌性蜥蜴的注意。

夏天，攀蜥妈妈会选一个温暖、湿润的环境来挖洞，等产下几枚卵后就离开。在自然条件下，大约一个月的时间，小攀蜥就孵化出来了。

这时还没进入秋天，各种小昆虫比较多，小攀蜥就抓紧时间捉虫吃，尽快储（chǔ）存一身脂肪，以便顺利度过冬眠期。

横断山脉的攀蜥有多少种类

横断山脉是攀蜥物种多样性最高的地方之一，几乎每条河谷都有一种特有的攀蜥，甚至一条河谷的不同段也会有不同的种。

整个横断山脉，因河谷而生的攀蜥超过了 15 种，如：怒（nù）江上游河谷的滑腹攀蜥，怒江中游河谷的怒江攀蜥，金沙江中游河谷的短尾攀蜥、玉龙攀蜥等。

你问我答

艾克：“雄性攀蜥喉咙下方的喉囊是什么颜色？”

赛思叔叔：“一般有白色、绿色、黄色、橙色等。不同的攀蜥，喉囊的颜色各不相同。”

哪种龟的趾甲比较少

家里养过小乌龟的小朋友可能知道，龟的每只脚一般长有 5 个趾甲（爪）。有一种龟比较特别，它们的每只脚上只有 4 个趾甲。这种龟的名字就叫作“四爪陆龟”。

收听音频

四爪陆龟主要分布在亚洲中部的内陆地区。那里日照强烈，雨水稀少。夏季白天气温高，而晚上气温低，温差可达 20~30℃。到了冬季，无论白天还是晚上气温都很低。四爪陆龟就生活在这样恶劣的环境中。

四爪陆龟为什么可以不喝水

四爪陆龟的龟壳比较圆，形状像柚子。和其他陆龟一样，它们的腿粗壮有力，像柱子一样把身体抬起来走路。

每年3月中旬后，四爪陆龟从冬眠中苏醒，用腿和脚蹬开覆盖在洞口的泥土，钻出来享受春天的阳光和鲜嫩的绿叶。

它们几乎不需要喝水，身体的水分是从新鲜的植物中获取的，并储存在膀（páng）胱（guāng）中。天蒙蒙亮时，它们就出门，四处寻找可口的植物，傍晚才回家。

卵的孵化率为什么很低

四爪陆龟妈妈通常在 6 月产卵。它们会选一处隐蔽（bì）且向阳的地方打洞，然后产 2~4 枚卵。

四爪陆龟卵的孵化率很低。除了本身的原因之外，它们的卵从生下来就会遇到各种天敌，狐狸、老鼠等都会闻着味过来，把卵挖出来吃掉。如果运气好，卵没被天敌发现，那么经过三四个月，幼龟就孵出来了。

四爪陆龟的野生数量非常少

四爪陆龟在长大的过程中也会遭遇很多天敌。幼龟可能会被狐狸、鸟、蛇吃掉。成年的四爪陆龟也会遇到狐狸等，不过它们会迅速排出大量腥（xīng）臭（chòu）的尿液来分散天敌的注意力。

四爪陆龟还饱受寄生虫的折磨。如果寄生在它们身上的线虫很多，它们就会消瘦，消瘦到一定程度时，四爪陆龟就可能在冬眠中死去。

可恨的是，一些人仍在违法捕捉四爪陆龟。这些都导致四爪陆龟的野生种群数量非常稀少。它们在中国是一级保护动物。

你问我答

艾克：“夏季特别炎热时，四爪陆龟有避暑妙招吗？”

寒思叔叔：“它们会把洞穴挖得深一些，以夏眠的方式躲过高温。”

哪种龟自带“箱子”

龟身上长着坚固的壳，遇到危险时，它们就会把头、尾及四肢缩回龟壳内。这时候，我们从外面只能看到它们背上拱起的背甲和腹部扁平的腹甲。通常情况下，这上下两张壳的前后是分开的。

但是，有一种龟在头、尾及四肢全部缩进壳里后，腹甲和背甲能完全闭合起来，看起来就像一只密封的箱子。这种龟就是闭壳龟。

收听音频

龟壳为什么能闭起来

原来，闭壳龟的腹甲不像其他龟那样是一整块，而是分成两块，两块甲片之间有韧（rèn）带连接，可以根据需要伸缩，这样龟壳就像箱子一样能打开或关闭。

闭壳龟栖息在水域附近。它们的脚趾之间有蹼，方便它们下水游泳去抓小鱼、小虾吃。不过，闭壳龟并不是纯粹（cuì）的肉食动物，在野果成熟的季节，它们会用灵敏的嗅觉去寻找掉落的果实。

闭壳龟在冬眠前做什么准备

春末夏初，闭壳龟妈妈会找个离河流不远的、向阳的潮湿地，挖坑、产卵。小闭壳龟在秋天到来之前会孵出来，然后它们必须抓紧时间，多吃点东西，储存脂肪，以便顺利度过冬眠期。

为什么闭壳龟濒临灭绝

为了保护环境、防范人畜（chù）共患传染病，我国禁止食用野生动物。但是，一些不良商家仍在违法捕捞野生龟。

此外，不少野生龟赖以生存的湿地被排干，用作耕地或建设用地。一些天然河流被人工沟渠（qú）代替，导致野生龟无法顺利上岸产卵。在这些人为因素的影响下，闭壳龟已濒临灭绝。

闭壳龟自带的“箱子”本来是一种防御（yù）武器，但它们没有想到：“箱子”能帮它们躲过自然界的敌害，却挡不住那些贪婪（lán）又无知的人的伤害。

你问我答

艾克：“我国有多少种闭壳龟？”

赛思叔叔：“我国有10种闭壳龟，其中6种是我国特有的。”

什么动物像蛇却不是蛇

收听音频

身体细长，没有四肢，浑身铺满鳞片，还能吐出分叉的舌头。猜猜看，这是什么动物？

很多小朋友可能会脱口而出：“是蛇！”很可惜，这个答案不完全正确。有这些特征的动物可能是蛇，也可能是一种蜥蜴——脆蛇蜥。

因尾巴易断而得名

在数百万年的进化过程中，脆蛇蜥失去了四肢，只留下了一小节腿骨残留在身体内。它们的尾巴保留了自动断尾的特征，所以人们把这种会断尾的蛇形动物叫作“脆蛇蜥”。

脆蛇蜥多栖息在海拔 800 ~ 1 300 米的山区。之前，在很长的一段时间里，这些区域人类活动强度大，不少原始森林已被人工林或农田取代，导致脆蛇蜥的栖息地被破坏。再加上人类捕捉等原因，脆蛇蜥已经成为濒危物种。

脆蛇蜥与蛇有哪些不同点

实际上，脆蛇蜥与蛇有很多不同。

★脆蛇蜥有鼓膜，它们的鼓膜被鳞片覆盖着，从外面看起来像个槽（cáo）；而蛇是没有鼓膜的。

★脆蛇蜥有可以活动的眼睑（jiǎn），但蛇没有；也就是说，脆蛇蜥会闭眼睛，而蛇不会。

★脆蛇蜥身体两侧各有一条凹陷的褶子，而蛇没有。

★脆蛇蜥的产卵数量少，一般每年是 4 ~ 6 枚；而蛇产卵数量较多，一般每年 10 枚以上。

★脆蛇蜥的行动较慢，折断尾巴是它们保护自己的最后招数；而蛇在遇到敌害时会迅速逃跑，它们还有锋利的牙齿武装自己。

种群恢复，任重而道远

近几年，不少地方植被恢复，森林面积增加，使得脆蛇蜥的栖息地恢复了不少。目前，在国内个别地方，脆蛇蜥从一年见不到一次，增加到一年能看到一两次。

但在全球气候变化的背景下，极端天气变得越来越多、越来越频繁。这些都会影响脆蛇蜥卵的孵化率和幼体的存活率。脆蛇蜥的种群恢复还有很长的路要走。

你问我答

艾克：“脆蛇蜥爱吃什么？”

赛思叔叔：“蚯蚓、蜗牛和各种小昆虫等都在脆蛇蜥的食谱上。”

哪种蛇是中国最大的毒蛇

蛇，是人类最恐惧的动物之一。中国有超过300种蛇，其中有毒的蛇有八九十种，而国内最大的毒蛇，非眼镜王蛇莫属。眼镜王蛇的个头很大，国外的最长纪录超过5米，国内大的可长达3米。

眼镜王蛇和眼镜蛇一样，脖子能变扁，仰头可超过1米，遇到敌害会发出“呼呼”的恐吓声。因此，有的地方把眼镜王蛇叫作“扁颈蛇”或“吹风蛇”。

收听音频

眼镜王蛇的毒液有多厉害

眼镜王蛇的毒牙有沟，在咬住猎物时，毒液就从毒腺中分泌出来，顺着毒牙上的沟流入猎物伤口。眼镜王蛇的毒液虽然不是毒性最强的，但排毒量非常大。

眼镜王蛇的蛇毒是混合毒素，包含了神经毒素和血液循环毒素。因此，这种蛇毒既能导致被咬的人或动物的神经受损，也会使受害者因心血管系统崩溃（kuì）而休克，最后呼吸衰（shuāi）竭（jié）、心跳减弱甚至死亡。

“毒王”对子女很呵护

眼镜王蛇虽然可怕，但它们对子女的爱非常伟大。

和绝大部分蛇不一样，眼镜王蛇妈妈把卵产到枯叶堆中以后，会盘在上面加以保护。它们还会在巢穴周围巡（xún）视，如果发现有大型动物靠近，就把它们赶走。等眼镜王蛇宝宝孵出并离开巢穴后，眼镜王蛇妈妈才离开。

眼镜王蛇宝宝的眼睛大大的，黑色的身体上长着鲜黄色的条纹。不过从出生起，它们的毒腺中就已经有毒液了。

你问我答

艾克：“眼镜王蛇也吃其他蛇吗？”

寨思叔叔：“除了吃老鼠、鸟、蛙和鱼之外，眼镜王蛇也会吃其他蛇，甚至吃眼镜蛇。”

眼镜王蛇会攻击人吗

眼镜王蛇虽然凶猛，但它们和国内的其他蛇一样，不会主动攻击人。除非你故意逗它、触碰它，或者在它们保护卵的时候侵犯（fàn）了它们的领地。

可恨的是，有些人在掌握了眼镜王蛇的习性后，开始大量抓捕它们。现在国内眼镜王蛇的数量已经很少了，体形大的更为稀有。

图书在版编目（CIP）数据

动物们都在忙什么．自我武装的爬行动物 / 王德华，禹娜主编 ；蔡波编著．-- 上海 ：上海科学技术出版社，2025．1．--（“赛思叔叔的十万个为什么”丛书）．

ISBN 978-7-5478-6871-3

Ⅰ．Q95-49

中国国家版本馆CIP数据核字第2024BG3679号

动物们都在忙什么——自我武装的爬行动物

王德华　禹娜　主编

蔡波　编著

高原　绘

上海世纪出版(集团)有限公司
上 海 科 学 技 术 出 版 社　出版、发行

（上海市闵行区号景路 159 弄 A 座 9F-10F）

邮政编码 201101　www.sstp.cn

开本 889 × 1194　1/16　印张 2.75

字数：20 千字

2025 年 1 月第 1 版　2025 年 1 月第 1 次印刷

ISBN 978-7-5478-6871-3/N · 285

定价：48.00 元

www.ingramcontent.com/pod-product-compliance
Lightning Source LLC
LaVergne TN
LVHW080628051026
849527LV00003B/654

* 9 7 8 7 5 4 7 8 6 8 7 1 3 *